Questions : Partie 1

1. Qu'est-ce qu'un processus chimique ?
2. Donnez un exemple d'un processus chimique.
3. Qu'est-ce qu'un processus physique ?
4. Donnez un exemple d'un processus physique.
5. Qu'est-ce que la sublimation ?
6. Qu'est-ce que la vaporisation ?
7. Qu'est-ce que l'évaporation ?
8. Quelles sont les 2 types de vaporisation ?
9. Est-ce que les liquides ont un volume propre ?
10. Est-ce que les solides ont un volume propre ?

Réponses : Partie 1

1. Un processus chimique est lorsqu'il y a une transformation de la matière.
2. Un exemple est de brûler du bois.
3. Un processus physique est lorsqu'il n'y a pas de transformation de la matière.
4. La glace qui fond.
5. C'est passer de l'état solide à l'état gazeux sans passer par l'état liquide.
6. C'est de passer de l'état liquide à l'état gazeux.
7. C'est de passer de l'état liquide à l'état gazeux (elle dépend peu de l'augmentation de la température).
8. L'évaporation et l'ébullition.
9. Oui.
10. Oui.

Questions : Partie 2

1. Quels sont les trois états principaux de la matière ?
2. Pourquoi est-ce que les particules du liquide sont unies ?
3. Que dépend la température ?
4. Est-ce que les gaz sont compressible ?
5. Est-ce que les gaz ont une forme propre ?
6. Est-ce que les gaz ont un volume propre ?
7. Quelle est la réaction inverse de la vaporisation ?
8. Qu'est-ce qu'un solide amorphe ?
9. Quelle est la réaction inverse de la fusion ?
10. Quelle est la réaction inverse de la sublimation ?

Réponses : Partie 2

1. Le solide, le liquide et le gaz.
2. Elles sont unies à cause de leurs forces de cohésion.
3. Elle dépend de l'agitation de ses particules.
4. Oui.
5. Non.
6. Non.
7. La liquéfaction.
8. C'est un solide sans structure régulière.
9. La solidification.
10. La sublimation inverse.

Questions : Partie 3

1. Quelle partie du liquide est-ce que l'évaporation se manifeste ?
2. Est-ce que l'évaporation se déroule à une certaine température ?
3. Qu'est-ce que la chaleur ?
4. Qu'est-ce que la fusion ?
5. Qu'est-ce que l'ébullition ?
6. Qu'est-ce qu'une molécule ?
7. Qu'est-ce qu'un corps endothermique ?
8. Qu'est-ce qu'un corps exothermique ?
9. Qu'est-ce que le zéro absolu ?
10. Quel est le lien entre le Kelvin et le degré Celsius ?

Réponses : Partie 3

1. A toute partie du liquide.
2. Non, elle se déroule à toute température.
3. C'est l'énergie thermique donnée ou enlevée d'un corps.
4. La fusion est de passer d'un état solide à un état liquide.
5. L'ébullition est de passer de l'état liquide à l'état gazeux à une température précise.
6. C'est une combinaison d'au moins deux atomes.
7. C'est un corps qui absorbe de la chaleur.
8. C'est un corps qui dégage de la chaleur.
9. C'est le zéro Kelvin, la température la plus basse.
10. 0 Kelvin= -273,15 degré Celsius.

Questions : Partie 4

1. Quelle partie du liquide est-ce que l'évaporation se manifeste ?
2. Quel est le lien entre la pression et la température ?
3. Qu'est-ce que la matière ?
4. Qu'est-ce que la photolyse ?
5. Qu'est-ce que la thermolyse ?
6. Quel est le lien entre l'altitude et la pression ?
7. Qu'est-ce qu'un corps pur ?
8. Qu'est-ce que les mélanges ?
9. Quel est le milieu entre un mélange homogène et hétérogène ?
10. Qu'est-ce que l'électrolyse ?

Réponses : Partie 4

1. A la surface du liquide.
2. Quand la pression augmente, la température augmente aussi.
3. La matière c'est tout qui possède une masse et qui occupe de l'espace.
4. C'est la séparation par la lumière.
5. C'est la séparation par la chaleur.
6. La pression diminue quand l'altitude augmente.
7. C'est un corps avec les mêmes atomes.
8. C'est la combinaison d'un minimum de 2 corps purs différents.
9. C'est un mélange colloïdal.
10. L'électrolyse est la séparation par l'électricité.

Questions : Partie 5

1. Quelle charge possède un proton ?
2. Quelle charge possède un neutron ?
3. Quelle charge possède un électron ?
4. Nommez les 3 types de liaisons intramoléculaires.
5. Qu'est-ce que les isotopes ?
6. Expliquez une liaison métallique.
7. Expliquez une liaison covalente.
8. Expliquez une liaison ionique.
9. Qu'est-ce que l'hydrolyse ?
10. Qu'est-ce que constitue un atome ?

Réponses : Partie 5

1. Une charge positive.
2. Un neutron ne possède pas de charge.
3. Une charge négative.
4. Une liaison ionique, covalente et métallique.
5. Ce sont des éléments avec les mêmes nombres de photons mais des neutrons variables.
6. C'est une liaison entre un élément métallique et un autre élément métallique.
7. C'est une liaison entre un élément non-métallique et un autre non élément métallique.
8. C'est une liaison entre un élément métallique et un élément non métallique.
9. C'est la séparation par l'eau.
10. Un atome est constitué de proton, neutron et électron.

Questions : Partie 6

1. Quel est le produit d'une liaison covalente ?
2. Quel est le produit d'une liaison ionique ?
3. Qu'est-ce que l'ionisation ?
4. Qu'est-ce qu'un ion ?
5. Que correspond les différentes couches électroniques ?
6. Qu'est-ce que le numéro atomique ?
7. Qu'est-ce que la charge élémentaire ?
8. Qu'est-ce que le nombre de masse ?
9. Qu'est-ce que le nombre de nucléons ?

Réponses : Partie 6

1. Une molécule.
2. Un sel.
3. C'est l'énergie qu'il faut pour arracher un électron d'un atome.
4. C'est un atome qui porte une charge.
5. Des niveaux d'énergies différentes.
6. C'est le nombre de proton.
7. C'est la plus petite charge.
8. C'est le nombre de nucléons.
9. C'est le nombre de protons et le nombre de neutrons.

Questions : Partie 7

1. Que signifie le mot « ate » ?
2. Que signifie le mot « ite » ?
3. Donnez un exemple d'un soluté.
4. Donnez un exemple d'un solvant.
5. Pourquoi est-ce que l'eau est considéré comme un solvant universel ?
6. Que signifie qu'un atome cherche à remplir son dernier niveau électronique ?
7. Est-ce que le sel conduit l'électricité à l'état solide ?
8. Comment est-ce que le sel peut conduire l'électricité ?
9. Quels sont les composants d'une solution ?
10. Quelle est la condition pour qu'une substance puisse conduire l'électricité ?

Réponses : Partie 7

1. Plus oxygène.
2. Moins oxygéné.
3. Le sucre.
4. L'eau.
5. Car l'eau dissout un grand nombre de substances.
6. Cela signifie que l'atome cherche à avoir 8 électrons sur sa dernière couche périphérique.
7. Non.
8. Il faut la mettre en état de solution.
9. Un solvant et un soluté.
10. La substance doit avoir des charges libres.

Questions : Partie 8

1. Comment appelle-t-on la force avec laquelle un atome attire les électrons d'un autre atome voisin ?
2. Quelle est la force qui permet à l'eau de ne pas s'écouler dans un verre rempli de l'eau qui dépasse le verre ?
3. Qu'est-ce que la liaison intermoléculaire ?
4. Les cations et les anions s'attirent par quelle force ?
5. Quel est le nom de la force qui lie les gaz rares ?
6. Laquelle est plus grande, la masse volumique de l'eau ou de la glace ?
7. Qu'est-ce qu'une réaction exothermique ?
8. Qu'est-ce qu'une réaction endothermique ?
9. Qu'est-ce qui influence la vitesse d'une réaction ?
10. Qu'utilise-t-on pour mesurer la quantité de chaleur au cours d'une réaction ?

Réponses : Partie 8

1. L'électronégativité.
2. La tension superficielle.
3. C'est la force qui crée le lien entre les molécules.
4. La force de Coulomb.
5. La force de Van der Waals.
6. La masse volumique de l'eau.
7. C'est une réaction qui dégage de la chaleur.
8. C'est une réaction qui absorbe de la chaleur.
9. La température, la surface de contact, la concentration et la pression.
10. Un calorimètre.

Questions : Partie 9

1. Donnez un exemple d'un sucre de table.
2. Quel est le sucre le plus connu ou très connu ?
3. Qu'est-ce que les glucides ?
4. Qu'est-ce que consiste la chimie organique ?
5. Quels sont les 2 grandes compositions de l'air sec ?
6. Donnez leurs proportions en pourcentage.
7. Qu'est-ce que constitue la chimie inorganique ?
8. Qu'est-ce que constitue les hydrocarbures ?
9. Qu'est-ce que les hydrocarbures aliphatiques ?
10. Qu'est-ce que les hydrocarbures alicycliques ?

Réponses : Partie 9

1. Du saccharose.
2. Le glucose.
3. C'est un ensemble de sucre et de polymères.
4. C'est la chimie de carbone. La chimie des organismes vivants.
5. L'azote et l'oxygène.
6. Environ 79% d'azote et 21% d'oxygène.
7. C'est la chimie de minéral tels que l'eau, etc.
8. Du carbone et d'hydrogène.
9. Des hydrocarbures qui constituent de chaînes de carbones ouverts.
10. Des hydrocarbures qui constituent de chaînes organiques fermées.

Questions : Partie 10

1. Que donne la réaction entre un acide et une base ?
2. Qu'est-ce que l'effervescence ?
3. Qu'est-ce qu'un acide ?
4. Qu'est-ce qu'une base ?
5. Qu'est-ce qu'un acide fort ?
6. Qu'est-ce qu'un acide faible ?
7. Qu'est-ce que constitue l'alcool ?
8. Qu'est-ce que les hydrocarbures aromatiques ?
9. Qu'est-ce qu'une réaction de réduction ?
10. Qu'est-ce qu'une réaction d'oxydation ?

Réponses : Partie 10

1. Elle donne de l'eau et du sel.
2. C'est quand les acides réagissent avec des hydrogénocarbonates ou des carbonates pour former du gaz carbonique et de l'eau.
3. Un acide est une substance qui se dissocie en solution aqueuse pour produire des ions hydrogène H+.
4. Une base est une substance qui se dissocie en solution aqueuse pour produire des ions hydroxydes OH-.
5. Un acide est fort quand toutes les molécules d'acides s'ionisent complètement dans l'eau.
6. Un acide est faible quand ces molécules s'ionisent partiellement dans l'eau.
7. L'alcool est constitué d'un groupement hydroxyle fixé sur un carbone.
8. Ce sont des hydrocarbures qui constituent de cycles benzéniques.

9. C'est une réaction chimique durant laquelle il y a une réduction du nombre d'oxydation d'un élément.
10. C'est une réaction chimique durant laquelle il y a une augmentation du nombre d'oxydation d'un élément.

Questions : Partie 11

1. Est-ce que l'oxydant est un donneur d'électron ?
2. Est-ce que le réducteur est un donneur d'électron ?
3. Qu'est-ce qu'un ampholyte ?
4. Donnez un exemple d'un ampholyte connu.
5. Quel est le pH du sang ?
6. Qu'est-ce que la neutralisation d'une solution ?
7. Quelles sont les valeurs d'une échelle de pH ?
8. Nommez des catalyseurs.
9. Qu'est-ce qui influence l'équilibre chimique ?
10. Est-ce qu'un catalyseur diminue ou élève l'énergie d'activation lors d'une réaction chimique ?

Réponses : Partie 11

1. Non, c'est un accepteur d'électron.
2. Oui, c'est un donneur d'électron.
3. C'est une molécule qui peut se comporter soit comme un acide, soit comme une base.
4. L'eau.
5. De 7,35 à 7,45.
6. C'est d'enlever l'acidité ou la basicité d'une solution.
7. De 0 à 14.
8. Des acides ou des bases, des enzymes, des métaux tels que le fer, le Pd.
9. La concentration, la température et la pression.
10. Un catalyseur diminue l'énergie d'activation.

Questions : Partie 12

1. Pourquoi est-ce que les gaz rares sont inertes chimiquement ?
2. Qu'est-ce que l'état électronique le plus stable ?
3. Qu'est-ce que la masse molaire ?
4. Comment appelle-t-on une équation résolue ?
5. Donnez un autre nom d'une équation résolue.
6. Les équations chimiques doivent respecter quelle loi ?
7. Qu'est-ce que les réactions de combustion ?
8. Qu'est-ce qu'une oxydation maximale ?
9. Qu'est-ce qui montre qu'on a une oxydation complète ?
10. Comment nomme-t-on une oxydation qui forme le CO ?

Réponses : Partie 12

1. Ils sont inertes chimiquement parce qu'ils ont atteint l'état électronique le plus stable.
2. C'est la saturation de leur dernier niveau électronique.
3. C'est la masse d'une molécule.
4. C'est une équation-bilan.
5. Une équation équilibrée.
6. La loi de la conservation de la masse/matière.
7. Ce sont des réactions d'oxydation.
8. C'est une oxydation complète.
9. La production du CO_2.
10. C'est une combustion incomplète.

Questions : Partie 13

1. Quel est le lien entre la viscosité et la température ?
2. Nommez des facteurs qui déterminent la viscosité d'une molécule.
3. Qu'est-ce que les réactifs dans une équation chimique ?
4. Qu'est-ce que les produits dans une équation chimique ?
5. Que représentent les flèches dans une équation chimique ?
6. Qu'est-ce qu'une mole ?
7. Qu'est-ce qu'une solution ?
8. Quelle est la substance en grande quantité d'une solution ?
9. Quelle est la substance en petite quantité d'une solution ?
10. Qu'est-ce que la concentration d'une solution ?

Réponses : Partie 13

1. La viscosité augmente quand la température diminue.
2. Ses ponts hydrogène, sa forme et sa taille.
3. Ce sont les composés initiaux.
4. Ce sont les composés finaux.
5. Son sens de réaction.
6. Une mole est une unité de quantité de matière.
7. C'est un mélange homogène d'un solvant et un soluté.
8. Un solvant.
9. Un soluté.
10. C'est la quantité de soluté dissous dans un volume de solution.

Questions : Partie 14

1. Quelles sont les différentes manières d'exprimer la concentration ?
2. Qu'est-ce que la distribution de Boltzmann ?
3. Quel est le lien entre la pression et la collision ?
4. Qu'est-ce qu'un catalyseur ?
5. Est-ce qu'un catalyseur est consommé pendant une réaction chimique ?
6. Quelles sont les substances avec des effets inverses d'un catalyseur ?
7. Nommez un catalyseur dans l'organisme de l'homme.
8. Qu'est-ce qui détermine un élément ?
9. Quel est le système international d'unités de mesure ?
10. Que mesure la candela ?

Réponses : Partie 14

1. En millilitres par litre, en grammes par litre, en mole par litre, en degrés et en pourcent.
2. C'est la distribution des vitesses des molécules d'un gaz.
3. Plus la pression est grande, plus il y'aura la possibilité de collision.
4. Un catalyseur déclenche une réaction chimique. Il augmente la vitesse d'une réaction chimique.
5. Non.
6. Des inhibiteurs.
7. L'enzyme.
8. Le nombre de protons.
9. Candela, mètre, kilogramme, ampère, Kelvin, mole et seconde.
10. L'intensité lumineuse.

Questions : Partie 15

1. L'énergie peut-elle être crée ?
2. L'énergie peut-elle être détruite ?
3. Qu'est-ce que l'énergie potentielle ?
4. Comment l'énergie peut-elle être transférée ?
5. L'eau est-elle une molécule polaire ou non polaire ?
6. L'huile est-elle une molécule polaire ou non polaire ?
7. L'air est-il une solution ?
8. Que représente H dans le pH ?
9. Qu'est-ce qu'une cohésion dans un liquide ?
10. Quelles sont les causes de la cohésion dans un liquide ?

Réponses : Partie 15

1. Non.
2. Non.
3. C'est l'énergie stockée dans un système.
4. Par le travail et la chaleur.
5. L'eau est une molécule polaire.
6. L'huile est une molécule non polaire.
7. Oui.
8. L'hydrogène.
9. C'est l'attraction entre les molécules dans un liquide.
10. Les forces intermoléculaires.

Questions : Partie 16

1. Qu'est-ce qu'on utilise pour mesurer le courant électrique ?
2. Qu'est-ce que la stœchiométrie ?
3. Donnez un exemple d'une substance basique utilisée dans nos vies quotidiennes.
4. L'eau est-elle un acide ?
5. L'eau est-elle une base ?
6. Que se passe-t-il lorsqu'un acide est ajouté à l'eau ?
7. Définissez l'oxydation.
8. Définissez la réduction.
9. Qu'est-ce que l'entropie ?
10. Quel genre de substance réduit l'énergie d'activation dans une réaction chimique ?

Réponses : Partie 16

1. L'ampère.
2. C'est la mesure des produits chimiques dans une réaction donnée.
3. Un savon.
4. Oui.
5. Oui.
6. Il se dissocie pour former H_3O^+ et un anion.
7. C'est la perte d'électrons.
8. C'est le gain des électrons.
9. C'est une mesure du désordre moléculaire ou de son caractère aléatoire.
10. Les catalyseurs.

Questions : Partie 17

1. Quand est-ce qu'un changement se déplace à droite dans une réaction chimique ?
2. Quand est-ce qu'un changement se déplace à gauche dans une réaction chimique ?
3. Quel genre de solutions résistent aux changements de pH ?
4. Quels sont les alcènes ?
5. Quels sont les alcynes ?
6. Quel gaz filtre la lumière ultraviolette du soleil ?
7. Quelle est la forme de carbone la plus dure ?
8. Quelle est la substance qui peut couper un diamant ?
9. Quel élément utilise l'abréviation Hg ?
10. Nommez le seul métal sous forme liquide à température ambiante.

Réponses : Partie 17

1. Quand plus de produits sont formés.
2. Quand plus de réactifs sont formés.
3. Une solution tampon.
4. Les alcènes sont des hydrocarbures avec des doubles liaisons.
5. Les alcynes sont des hydrocarbures avec des triples liaisons.
6. L'ozone.
7. Le diamant.
8. Un diamant.
9. Le mercure.
10. Le mercure.

Conclusion

Merci encore une fois d'avoir acheté ce livre. J'espère que cela vous a aidé à comprendre la chimie et l'environnement.

S'il vous plaît, si vous avez aimé ce livre, j'aimerais que vous laissiez un commentaire. Il serait apprécié.

Je vous remercie.

www.ingramcontent.com/pod-product-compliance
Lightning Source LLC
Chambersburg PA
CBHW031557210526
45464CB00003B/1318